云南名特药材种植技术丛书

Honghua 《云南名特药材种植技术丛书》编委会 编

云南出版集团公司
云南科技出版社
·昆 明·

图书在版编目（CIP）数据

红花 / 《云南名特药材种植技术丛书》编委会编 . -- 昆明：云南科技出版社，2013.7（2021.8重印）
（云南名特药材种植技术丛书）
ISBN 978-7-5416-7293-4/01

Ⅰ . ①红… Ⅱ . ①云… Ⅲ . ①红花 - 栽培技术 Ⅳ . ①S567.21

中国版本图书馆CIP数据核字（2013）第157870号

责任编辑：唐坤红
　　　　　李凌雁
　　　　　洪丽春
封面设计：余仲勋
责任校对：叶水金
责任印制：翟　苑

云南出版集团公司
云南科技出版社出版发行
（昆明市环城西路609号云南新闻出版大楼　邮政编码：650034）
云南灵彩印务包装有限公司印刷　全国新华书店经销
开本：850mm×1168mm　1/32　　印张：1.5　字数：38千字
2013年9月第1版　　2021年8月第5次印刷
定价：18.00元

《云南名特药材种植技术丛书》
编委会

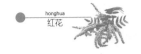

序

　　彩云之南自然环境多样，地理气候独特，孕育着丰富多样的天然药物资源，"药材之乡"的美誉享于国内外。

　　云药资源优势转变为产业优势的发展特色突出，亦带动了生物产业的不断壮大。当下，野生药用资源日渐紧缺，采用人工繁育种植方式来满足医疗保健及产业可持续发展大势所趋。丛书选择了天麻、灯盏细辛、当归、石斛、木香、秦艽、续断等云南名特药材，特别是目前野生资源紧缺，市场需求较大的常用品种，以种植技术和优质种源为重点内容加以介绍，汇集种植生产第一线药农的实践经验，病虫害防治方法等，凝聚了科研人员的研究成果。该书采用浅显的语言进行了论述，通俗易懂。云南中医药学会名特药材种植专业委员会编辑成的该套丛书，对于云南中药材规范化、规模化种植具有一定指导意义，为改善和提高山区少数民族群众收入提供了一条重要的技术途径。愿本套丛书能够对推动我省中药种植生产事业发展有所收益，此序。

云南中医药学会名特药材种植专业委员会

名誉会长

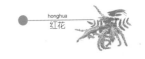

前　言

　　绿色经济强省，生物资源是支撑。保持资源的可持续发展，是生态文明建设的前瞻性工作。云南省委、省政府历来高度重视生物医药发展，将生物医药产业作为云南特色支柱产业来重点发展。中药材种植是生物医药产业发展的源头，有言道："好山好水出好药""药材好，药才好"……。因地制宜，严格按照国家有关法规和科学技术指导规范种植，方能产出优质药材。基于云南生物资源开发现状考量，云南省中医药学会名特药材种植专业委员会汇集了云南药物研究所、云南农业科学院药用植物研究所、云南中医学院、云南农业大学等单位的专家学者，整理并撰写了目前在云南省中药材种植生产中有一定基础与规模的20个品种中药材的种植技术，编辑出版本丛书，较大程度地适应了各地中药材种植发展的迫切需要。

　　云南地处北纬21°～29°，纬度较低，北回归线从南部通过，全年接受太阳辐射光热多，热量丰富；加之北高南低的地势，南部地区气温高积温多，北部地区气温低积温少；南北走向的山脉河谷，有利于南方湿热气流的深入，使南方热带动植物沿河谷北上。北部山脉又阻

挡了西伯利亚寒冷气流的侵袭，北方的寒温带动植物沿山脊南下伸展。东面湿热地区的动植物又沿金沙江河谷和贵州高原进入，造成河谷地区炎热、坝区温暖、山区寒冷等特点。远离海洋不受台风的影响，大部分地区热量充足，雨量充沛。多种类型的气候生态环境，造就了云南自然风光无限，物奇候异，由此被人们美称为"植物王国"。

云南中草药资源十分丰富，药用植物种数居全国第一，在中药材种植方面也曾创造了多个全国第一。目前云南的中药材种植产业承担了云南全省乃至全国大部分中医药产品的原料供给。跨越式发展中药材种植产业方兴未艾，适应生物医药产业的可持续发展趋势尤显，丛书出版正当时宜。

本书编写时间仓促，编撰人员水平有限，疏漏错误之处，希望读者给予批评指正。

云南省中医药学会
名特药材种植专业委员会

目 录

第一章　概　述

　　红花为菊科红花属植物红花（*Carthamus tinctorius* L.）的干燥花。是我国著名的药用植物，收载于历版《中国药典》，又是近年来新兴发展起来的油料作物，历代医书及《本草纲目》中均有详细记载。其味辛温，入心、肝经，具有活血通经，祛瘀止痛的功效，是一味常用的活血化瘀药，也是现代医学中预防和治疗冠心病，心肌梗塞和脑梗塞等中老年常见病的重要中药；红花油（果实油）是一种优质食用油，油中亚油酸含量高达73%~85%，居所有已知植物油之首位。亚油酸能预防高血压，降低血液中胆固醇含量，预防心脑血管疾病。花瓣色素（特别是红花红色素，是目前发现的天然脂溶性红色素为数不多的色素之一）是天然色素原料，应用于食品工业、纺织印染业和化妆品业或在医药上用作抗氧化剂和维生素A和D的稳定剂，是一

图1-1

种集药材、油料、染料、保健为一体的特种经济作物。

一、历史沿革

　　红花在我国药用历史悠久，是妇产科血瘀病症的常用药，为活血通经止痛之要药。始载于《开宝本草》："主产后血运口噤，腹内恶血不尽，绞痛，胎死腹中，并酒煮服"，对其用途和使用方法进行了描述。其后的《新修本草》《本草品汇精要》《药物出产辨》《本草汇言》《本草衍义补遗》《本草经流》《本草述钩元》《本草纲目》等历代本草典籍均对红花的药性、药效以及形态均做出描述。其中《本草图经》："红蓝花，即红花也。今处处有之。人家场圃所种，冬而布子于熟地，至春生苗，夏乃有花，下作梂汇，多刺，花蕊出梂上，圃人承露采之，采已复出，至尽而罢。梂中结实，

图1-2

白颗，如小豆大。其花暴干以染真红，及作燕脂。主产后血病为胜。其实亦同。叶颇似蓝，故有蓝名。"对红花的生长特性及形态进行了比较详细的描述。

二、资源情况

红花用途广泛，年需求大约140万吨。不过资源比较丰富，在很多国家均有栽培。全世界红花年种植面积约110万公顷，籽粒产量约89万吨。红花主要生产国为印度，年种植面积约76万公顷，籽粒产量约46万吨，占世界总面积和产量的一半以上。其次为墨西哥，约10万公顷、11万吨。我国红花栽培历史悠久，汉代就有关于红花栽培和药用的记载。近年来，我国红花栽培面积在3万~5万公顷，主要大规模种植于新疆和云南等省区。

三、分布情况

红花分布较广，起源大西洋东部、非洲西北部的加那利群岛及地中海沿岸，全球种植面积主要集中在印度、墨西哥、美国、埃塞俄比亚、西班牙、澳大利亚，以榨油用为主。中国主要分布新疆、四川、云南、内蒙古、河北、山东等地。云南省主要产区在滇西地区如巍山、弥渡、宾川、永胜、南涧、怒江、保山等地。以南亚热带和江边及半山坡地为主要种植区，以老品种的小花为主，花色多为黄色；现在也开始引进新疆红花种源开始种植。在丽江永胜集中种植区域片角、涛源、期纳以及江边地区为主。目前，云南规模种植地区主要是宾川、弥渡、巍山、永胜、昌宁、凤庆。

四、发展情况

红花是当今世界研究的"热点"之一，是一种集药材、油料、饲料为一体的经济作物，具有巨大的开发潜力。近年来，红花因产量低、产品开发跟不上等原因，在我国的种植面积不大，是一种典型的"未被充分利用作物"。对现有资源进行充分鉴定和改良，并加强从国外引进含油量高的品种，将有力促进红花在我国的发展。故亟待加强红花种质资源收集鉴定，优良品种选育及推广，优质高产综合配套栽培技术和科学采集加工等方面的研究，为生产出优质、高产的原料及其综合利用打下坚实的基础。另一方面，还应深入开展红花药理及化学成分研究，深入探讨其有效成分及作用机制，以便更好地开发、利用、生产出更多的红花优质新产品。还可用于食品、化妆品、化工染料、牲畜饲料等，市场潜力及前景都很宽广。目前，云南红花的产量已经占全国总产量的近40%，居第二位，是产量较大供应全国的药材品种。近年来，红花价格一直在高价位上运行，产区群众在红花种植中收到了较好的经济效益，种植积极性很高；但价格波动区间较大，需要药材经营龙头企业加以调节，需要政府有关部门的引导，使红花的种植生产快速可持续发展。

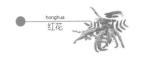

第二章　分类及形态特征

一、植物形态特征

1. 同属药用植物的种类

红花是1~2年生草本植物。据植物学家Hooker和Jackson的研究，世界红花属植物共有60个种；近年来，植物分类学家经过长期研究、现归并为20～25种。有红花（*Carthamus tinctorius* Linn.也称栽培红花）、巴勒斯

图2-1　红花植株群落

坦红花（*C.palaestinus* Eig.也称沙漠野生红花）、尖刺红花（*C.oxycantha* M.B.也称印度野生红花）、叙利亚红花［*C.syriacus*（Boiss.）Dinsm.］、绵毛红花（*C.lanatus* Linn.）、波斯红花（*C.persica* Willd.）等，其中栽培红花是红花属内唯一可直接利用于食品、药品及工业的一个种类，即世界各地种植的红花只有栽培红花（*C.tinctorius* Linn.）。

2. 红花的植物形态特征

红花为一年生或二年生草本，株高30~100cm。茎直立，基部较粗；上部多分枝，白色或淡白色，光滑无毛。叶互生，无柄，无毛，微抱茎，长椭圆形或卵状披针形，长4~15cm，宽1~6cm；叶缘形状有全缘、锯齿、浅裂和深裂锯齿形，有刺或无刺，叶缘为全缘的品种无刺，其他种类齿端有锐刺；叶片为革质、坚硬，两面无毛，无腺点，有光泽。花为头状花序，顶生，直径3~4cm；花托为多层无毛苞片组

图2-2 红花植株形态

成，外层苞片竖琴状，内层苞片卵形至长倒披针形，除全缘状种类外，其余均带刺锯齿；苞片内为管状花，细长、两性；花冠筒细长，先端5裂，裂片狭条形，长5～8mm；雄蕊5枚，花药聚合成筒状，为白色；雌蕊1枚，花柱细长圆柱形，顶端微分叉。花冠初时黄色，渐变为橘红色。瘦果白、灰、褐或黑色，倒卵形，长约5.5mm，宽5mm，具四棱，有或无冠毛。花期4~6月，果期5~8月。

二、药材的性状特征

红花药材为红花原植物的干燥不带子房的管状花，长1~2cm，表面红黄色或红色，花冠筒细长，先端5裂，裂片狭条形，长5～8mm；雄蕊5枚，花药聚合成筒状，为白色；雌蕊1枚，花柱细长圆柱形，顶端微分叉。红花药材质地柔软，气微香，味微苦，性温，归心、肝经。比色管中红花药材的水浸滤液为黄色。

图2-3 红花种子

图2-4　红花药材（花丝）

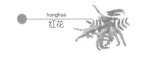

第三章 生物学特性

红花原产热带与亚热带，喜温暖干燥气候，对环境的适应性较强，具抗旱、耐低温、耐盐碱、耐瘠薄，对土壤肥力等的要求不是很严格。红花具强大的根系，能吸收土壤中的深层水分；另外，枝叶上的蜡层能减少蒸腾作用消耗的水分，故特别耐旱。

云南适宜种植红花的区域是海拔1600m以下，春季少雨、冬季无霜或无强霜的干热河谷地区。海拔1600m以上地区种植红花，积温不够，影响开花结实，生育期长并且腾不出地块，影响其他大春作物的栽种，生长也不如海拔较低区域，故这些区域不宜提倡红花的种植发展。

一、生长发育习性

红花主要以种子直播方式进行繁殖，播种萌发后经过出苗、莲座、伸长、分枝、现蕾、开花及种子成熟完成其生育阶段。各生育期长短与品种、种植地海拔、播期、温度、日照长短有关，一般南方秋播生育期为200~250d，北方春播生育期120d。

1. 出苗期

红花播种后，水分充足，5～7天可出苗，这一时期水分是关键。

图3-1　红花出苗

2. 莲座期

出苗后，茎不伸长，接连长出的互生叶在茎基螺旋排列成莲座状，称为莲座期，影响这一时期的关键因子是温度及日照长短。比如，云南红花种植为秋播，相同品种，在昆明种植莲座期2～3个月，在热区元谋只需1～2个月。又如，相同品种，昆明秋播与新疆乌鲁木齐春播莲座期积温相同，但在乌鲁木齐的莲座期却大大缩短。云南秋播红花以莲座期越冬，红花莲座期植株可耐

受-5℃左右低温。

3.伸长期

随着温度的升高和日照加长，天气逐渐暖和，植株进入快速生长的伸长期。这一时期，茎秆显著加长，植株每天长高4～5cm或更长。由于植株的高速生长，对水肥的需要急剧增长，应及时灌溉追肥。

4.分枝期

植株进入分枝期，在茎顶端叶腋处长出侧芽，侧芽生长为第一分枝，在分枝叶腋处又可形成再分枝。植株茎的顶端和每一分枝顶端均可着生一花球，分枝越多，花、籽产量越高。这一时期，植株生长迅速，叶面积也迅速增加，肥、水需求量增大，是中耕管理的关键时期。

图3-2　红花伸长、分枝　　　图3-3　红花现蕾

5.现蕾开花期

在分枝阶段后期，每一主茎或分枝顶端花芽生长

成为一个花蕾，花蕾逐渐长成花球，花球中小花发育成熟并伸出苞片，花瓣展开，花朵开放。植株开花顺序是主茎先开，然后是主茎顶端下部分枝开花，再后自上而下逐渐开放。红花开花在早晨，每一花球开花顺序是边缘小花先开，然后成同心圆向内逐渐开放，每花球开花需3～5天，一般花期40多天，这一时期，日照长短是关键。

图3-4　红花花蕾期

6. 种子成熟期

开花授粉后，花冠凋谢，果实灌浆，种子逐渐成熟。这一时期的长短，受品种、温度、湿度的影响最大。

二、对土壤及养分的要求

红花对土壤要求不很严格，沙壤、黏土均能生长，但以土层深厚、排水良好、中性或弱碱性、团粒结构及耕作层良好的沙壤土为好。红花生长需一定肥力，肥料影响株高、单株花球数、小花数、种子千粒重、含油量等。一般施总氮90~98kg/hm²（施氮有效时间为伸长期）、施普钙150~165kg/hm²（施磷有效期为基肥和莲座期）、施氧化钾105~150kg/hm²可收获干花270kg/hm²以上。另外，锰、锌、铁、硼等微量元素对红花生长很重要，土壤中如果缺少这些元素，可进行叶面喷施。

红花种子萌发时，要求土壤水分充足。莲座期，植株营养体小，对水分需要量不大。植株进入伸长期，对水分需求逐渐加大，分枝期、现蕾期、开花期水分要充足，但不能过量，特别是开花期湿度过大会影响授粉结实。干燥条件有利于种子成熟。缺水会影响叶片数、分枝数和单株花球数，最终影响产量产值。

三、气候要求

红花为长日照作物，在短日照下有利于营养生长，在长日照下有利于生殖生长，所以云南各地进行秋播，红花苗期处于短日照条件下，就能使红花苗枝叶繁茂，积累营养，以供给后期开花结果之用，而云南省各地日

照条件均能使秋播红花按时开花结果。

红花的生长发育，需要一定的热量积累，才能完成生命周期，一般5℃以上积温达2270~2470℃、10℃以上积温达2000~2900℃，15℃以上的积温达1500~2400℃，就能满足红花生长发育要求，极端冷、热对红花生长均不利。种子在4.4℃时能萌发，发芽适温15℃，幼苗能耐-6.6℃的低温，日最高温在24~32℃时有利于开花结实。

图3-5

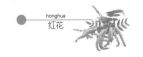

第四章　栽培管理

一、选地、整地

选择向阳、地热高燥、土层深厚、肥力中等、排灌良好的轻黏土、沙壤或壤土。翻犁、晒垡、碎土耙平、开沟理墒，墒面不必太宽，一般在1～1.5m，以方便采花。墒面之间的沟宽0.3m，沟深浅一致，以利于排灌水。瘦地在翻犁前施入完全腐熟的农家肥1500～2000公斤/亩和20公斤/亩N10、P10、K10复合肥并撒匀作基肥。

二、选种与处理

1.品种选择

红花栽培，既要收花，也要收籽，才能有尽可能的经济效益，所以首先应选油、花兼用型品种。另外，为便于采花收籽，品种的苞片应是无刺的。海拔较高（1500m以上）地区应选早熟、耐寒品种，而干热区种植要选择早熟、耐旱、抗病品种。这里介绍一个油、花兼用型品种"AC-1无刺红"，该品种由新疆塔城国营博孜达克农场育成，品种特点是植株无刺、花鲜红、含油率为42%～44.8%，亚油酸含量达80.6%。品种确定后，自留品种田可选取生长健壮，高度适中，分枝低而多，花序多，管状花橘红色，无病虫害的植株作留种植株。

2.种子处理

首先精选种子，去除空瘪粒及杂质，选整齐度好、发芽率在80%以上的种子；播种前用种子重量0.3%~0.5%的50%多菌灵、80%炭疽福美、70%代森锰锌可湿性粉剂、47%苗盛湿拌剂或种子重量2‰的卫福200FF、2.5%适乐时悬浮种衣剂+种子重量0.5%的25%三唑酮可湿性粉剂或种子重量1%的20%萎锈灵乳油拌种；可预防真菌性病害的发生。

图4-1

三、播种方法

1. 播种时间

云南红花一般于9月中旬至10月上、中旬播种。各地播种时间不一，若在海拔较高、冬季有霜冻的地区，可适当推迟播种，这样使红花莲座期能处于低温霜冻期间，因为此时红花苗可耐受低温冻害。注意，该地区播种时间一定不能太早，太早的话，天气还不冷，出苗后幼苗生长过快，植株会提早在低温霜冻期间进入伸长分枝期，会给植株造成一定的冻害而影响产量。低海拔热区播种时间应掌握一个原则，就是根据品种生育期长短及当地雨季情况，避开花期至灌浆期不与多雨时节相遇即可。另外，不能浇灌的地区应在雨季结束前，充分利用末期雨水适时抢墒播种，以保证苗全、苗齐。

2. 合理密植

为达最佳经济收益，各地播种密度应掌握的原则是肥力、排灌条件好的地块，植株生长繁茂，应种稀些，每亩10000~13000株；瘦地、排灌条件不好的地块，植株生长不良，应种密些，每亩16000~18000株；中等肥力土壤种植密度为每亩13000~16000株。用宽窄行大行距60cm，小行距20cm，株距6~8cm或株行距（15×30）cm或（25×25）cm单行穴播均可。播种以穴播为主，每穴2~3粒，播种深度3~5cm，播种后覆盖一层细土或农家肥稍加镇压，即时浇、灌水以保证出苗，一般10~15

d出苗。

四、田间管理

1. 间苗、定苗

出苗后，真叶长出3～5叶、苗高6~8cm时定苗，间去多苗、小苗和弱苗，每穴留苗1～2株，留苗时瘦地密、肥地稀，缺塘缺苗，及时带土补苗。根据各地种植品种、气候、地力实际操作。

2. 中耕除草、施肥

莲座期及伸长期田间杂草多，土块大，及时中耕除草、疏松表土，并适当追施普钙4公斤/亩+氧化钾4公斤/亩；分枝期除草结合追肥在行间上行培土，防止倒伏。视红花生长势及土壤肥力情况，于伸长期及现蕾前期结合灌水施尿素10～15公斤/亩+氧化钾4公斤/亩1～2次或现蕾前用0.1%~0.3%磷酸二氢钾喷施叶面进行根外追肥，增加花蕾数。

3. 适时浇灌

红花耐旱怕涝，在莲座期、现蕾、开花和种子成熟期应保持一定土壤湿度，伸长期和分枝期需水量大，各地可视各生育期的土壤湿度、气候等浇灌水2~5次。浇灌时，采用沟灌，当水漫过墒面时及时撤水，严禁大水漫灌，如遇大雨天气，要注意排水。

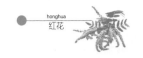

honghua
红花

第五章　农药、肥料使用及病虫害防治

一、农药使用原则

药材种植不能使用高毒、高残留、三致（致癌、致畸、致突变）及对环境和生物具有特殊毒性的农药，低毒、低残留农药也要少施或不施，才能保证药材品质并且减少对环境的污染。按照国家《农药管理条例》规定，任何农药产品都不得超出农药登记批准的使用范围使用。目前，我国用于农业生产上的农药众多，但没有一种在药用植物上登记注册过，药材上用药只能借鉴《无公害农产品生产推荐农药品种》来进行，同时严格按照《国家明令禁止使用的农药》、《中药材GAP（中药材生产质量管理规范）禁止使用的农药》及《国家在蔬菜、果树、茶叶、中草药材上不得使用和限制使用的农药》的规定来执行。

无公害农产品生产推荐农药品种：杀虫、杀螨剂：苏云金杆菌（*Bacillus thuringiensis*）、甜菜夜蛾核多角体病毒（SeNPV）、银纹夜蛾核多角体病毒（AcMNPV）、小菜蛾颗粒体病毒（RxGV）、茶尺蠖核多角体病毒（EoNPV）、棉铃虫核多角体病毒（HaNPV）、苦参碱（Matrine）、印棟素（Azadirachtin）、烟碱（Nicotine）、鱼藤酮（毒鱼藤Rotenone）、苦皮藤素（Celastrus angulatus）、阿维菌素（Abamectin）*、多杀霉素（Spinosad）、浏阳霉素（Liuyangmycin）、白僵菌（Beauveria bassiana）、除虫菊素（Pyrethrins）、硫黄（Sulfur）、溴氰菊酯（Deltamethrin）*、氟氯氰菊酯（百树得Cyfluthrin）、氯氟氰菊酯（功夫Cyhalothrin）、氯氰菊酯（灭百可、兴棉宝、安绿宝、赛波凯、氯氰菊酯、奋斗呐Cypermethrin）、联苯菊酯（天王星Bifenthrin）、氰戊菊酯（Fenvalerate）*、甲氰菊酯（灭扫利Fenpropathrin）、氟丙菊酯（Acrinathrin）、硫双威（拉维因、硫双灭多威Thiodicarb）、丁硫克百威（Carbosulfan）*、抗蚜威（Pirimicarb）、异丙威（灭扑散、叶蝉散Isoprocarb或MIPC）、速灭威（MTMC）、辛硫磷（Phoxim）、毒死蜱（Chlorpyrifos，ANSI，ISO，BSI）、敌百虫（Trichlorphon）、敌敌畏（Dichlorvos）、马拉硫磷（马拉松Malathion）*、乙酰甲胺磷（高灭磷Acephate）*、乐果（Dimethoate）、三唑磷（Triazophos）、杀螟硫磷（杀螟松Enitrothion）、倍硫磷（Fenthion）、丙溴磷（Profenofos）、二嗪磷（二嗪农Diazinon）*、亚胺硫磷（Phosemet）、灭幼脲（Chlorbenzuron）、氟啶脲（Chlorfluazuron）、氟铃脲（Hexaflumuron）、氟虫脲（Flufenoxuron）、除虫脲（Diflubenzuron）、噻嗪酮（Buprofezin）、抑食

肼、虫酰肼（Tebufenozide）、哒螨灵（Pyridaben）、四螨嗪（Clofentezine）、唑螨酯（Fenpyroximate）、三唑锡（Azocyclotin）、炔螨特（Propargite）、噻螨酮（尼索朗Hexythiazox）、苯丁锡（Fenbutatin oxide）、单甲脒（Danjiami）、双甲脒（Amitraz）、杀虫单（Monosultap）、杀虫双、杀螟丹（Cartap）、甲胺基阿维菌素（甲维盐、威克Emamectin benzoate）*、啶虫脒（Acetamiprid）、吡虫脒、灭蝇胺（Cyromazine）、氟虫腈（Fipronil）、溴虫腈（Chlorfenapyr）、丁醚脲（Diafenthiuron）。杀菌剂：碱式硫酸铜（波尔多液、多宁Bordeaux mixture）、氢氧化铜（王铜Copper hydroxide）、氧化亚铜（Cuprous Oxide）、石硫合剂（lime sulphur）、代森锌（Zineb）、代森锰锌（大生、大生富、喷克、新万生、山德生、丰收、大胜Mancozeb）、福美双（Thiram）、乙膦铝（疫霉灵、三乙磷酸铝、霉菌灵、克菌灵、霜霉灵、疫霉净、磷酸乙酯铝Aliette）、多菌灵（Carbendazim）、甲基硫菌灵（甲基托布津Thiophanate-Methyl）、噻菌灵（特克多Triabendazole）、百菌清（达科宁、大克宁Chlorothalonil）、三唑酮（粉锈灵Triadimefon）、三唑醇（百坦Triadimenol）、烯唑醇（Diniconazole）、戊唑醇（Tebuconazole）、己唑醇（Hexaconazole）、腈菌唑（Myclobutanil）、乙霉威（多霉威、硫菌霉威、克得灵Dithofencarb）、硫菌灵（托布津Thiophanate）、腐霉利

（速克灵Procymidone）、异菌脲（扑海因Iprodione）、霜霉威（普力克Propamocarb）、烯酰吗啉（安克、安克—锰锌Dimethomorph）、霜脲氰（克露、锰锌—霜脲Cymoxanil）、邻烯丙基苯酚（银果Yinguo）、嘧霉胺（施佳乐Pyrimethanil）、氟吗啉（灭克Flumorph）、盐酸吗啉胍（病毒灵、吗啉胍、吗啉咪胍、盐酸吗啉双胍Moroxydine HCl）、恶霉灵（土菌消、克霉灵、立枯灵、土菌清Hymexazol）、噻菌铜（龙克菌Thiodiazole copper）、咪鲜胺（扑霉灵、施保克、施保功Prochloraz）、咪鲜胺锰盐（Prochlorazmanganese）、抑霉唑（Lmazalil）、氨基寡糖素（农业专用壳寡糖Chitooligosaccharace）、甲霜灵锰锌（雷多米尔锰锌、进金、农士旺、稳达、金瑞霉Metalaxgl mancozeb）、亚胺唑（霉能灵、酰胺唑Imibenconazole）、春雷霉素（加收米、加瑞农、加收热必Kasugamycin）、恶唑烷酮锰锌（杀毒矾、恶霜灵锰锌Oxadixyl mancozeb）、脂肪酸铜（Fatty acid copper）、松脂酸铜（海宇博尔多乳油Gum rosin acid copper）、腈嘧菌酯（Azoxystrobin）、井冈霉素（Validamycin，d-chiro-inositol）、农抗120（抗霉菌素120、TF120）、菇类蛋白多糖（抗毒剂1号、抗毒丰、菌毒宁、真菌多糖）、多抗霉素（多氧霉素，多效霉素，多氧清，保亮、宝丽安，保利霉素Polyoxin）、宁南霉素（Ningnanmycin）、木霉菌（Trichoderma）、农用链霉素（Streptomycin），（名单上带*者药材上不能

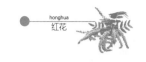

honghua
红花

使用）。

国家明令禁止使用的农药（18种）：六六六（HCH），滴滴涕（DDT），毒杀芬（camphechlor），二溴氯丙烷（dibromochloropane），杀虫脒（chlordimeform），二溴乙烷（EDB），除草醚（nitrofen），艾氏剂（aldrin），狄氏剂（dieldrin），汞制剂（Mercurycompounds），砷（arsena）、铅（acetate）类，敌枯双（Bis-ADTA），氟乙酰胺（fluoroacetamide），甘氟（gliftor），毒鼠强（tetramine），氟乙酸钠（sodiumfluoroacetate），毒鼠硅（silatrane）。

在蔬菜、果树、茶叶、中草药材上不得使用和限制使用的农药甲胺磷（methamidophos），甲基对硫磷（parathion-methyl），对硫磷（parathion），久效磷（monocrotophos），磷胺（phosphamidon），甲拌磷（phorate），甲基异柳磷（isofenphos-methyl），特丁硫磷（terbufos），甲基硫环磷（phosfolan-methyl），治螟磷（sulfotep），内吸磷（demeton），克百威（呋喃丹carbofuran），涕灭威（aldicarb），灭线磷（灭克磷、益收宝、益丰收、丙线磷、茎线磷、虫线磷、茎线灵、普伏松、益舒宝ethoprophos）、硫环磷（phosfolan），蝇毒磷（coumaphos），地虫硫磷（fonofos），氯唑磷（isazofos），苯线磷（力满库、线威磷fenamiphos）。三氯杀螨醇（dicofol），氰戊菊酯（fenvalerate）不得用于

· 23 ·

茶树上。禁止丁酰肼（比久daminozide）在花生上使用；禁特丁硫磷（terbufos）在甘蔗上使用。除卫生用、玉米等部分旱田种子包衣剂外，禁止氟虫氰在其他方面使用。

中药材GAP禁止使用的农药：除上面规定禁止的药剂外，还有薯瘟锡、三苯基氯化锡、毒菌锡、三氯杀螨醇（dicofol）、乙拌磷（Disulfoton）、氧化乐果（Omethoate）、水胺硫磷（isoearbophos）、硫线磷（克线丹cadusafos）、杀扑磷（Methidathion）、马拉硫磷（马拉松malathion）、乙酰甲胺磷（高灭磷acephate）、二嗪农（二嗪磷Diazinon）、乙硫磷（Ethion）、灭多威（Methomyl）、丁硫克百威（carbosulfan）、杀虫脒（chlordimeform）、环氧乙烷（ethylene oxide）、溴甲烷（bromomethane）、溴氰菊酯（敌杀死deltamethrin）、顺氯氰菊酯（高效灭百可Alpha-cypermethrin）、氰戊菊酯（fenvalerate）、阿维菌素（abamectin）、氟制剂（Fluorine）、五氯硝基苯（Quintozene）、苯菌灵（苯莱特benomyl）、稻瘟净（EBP）、乙稻瘟净（iprobenfos）、

图5-1

有机合成的植物生长调节剂及所有化学除草剂。

二、肥料使用原则

肥料使用准则应该遵循中华人民共和国农业部发布的《肥料合理使用准则（通则）（NY/T 496–2002）》，以及其他的相关标准或规定。同时，应该注意：施用肥料的种类以有机肥为主，根据红花生长发育的需要有限度地使用化学肥料；施用农家肥应该经过充分腐熟达到无害化卫生标准；禁止施用城市生活垃圾、工业垃圾及医院垃圾。

三、病虫害防治

云南省为害红花的病虫害主要有炭疽病、枯萎病、疫霉根腐病、白粉病、锈病、蚜虫、潜叶蝇及地老虎、蛴螬（金龟子）、蝼蛄等地下害虫。气候条件是病害轻重的关键因子，轮作及种子处理是防治的关键技术，化学药剂尽量不用或少用是药材病虫防治的基本原则。

1. 红花炭疽病

症状：红花植株的子叶、茎、叶、叶梗及花蕾均可受害。病斑为梭形或长圆形，紫红色或褐色凹陷，凹陷部分灰白，有时出现溃疡状龟裂。病斑中央有褐色孢子堆，病害严重的烂梢、烂茎或植株枯死。

病原：病害由半知菌类，黑盘孢目，炭疽菌

（*Gloeosporium*. spp.）真菌引起。

病害循环：病菌以菌丝体及分生孢子残存于种子、植株残体及土中，成为第二年初侵染来源。带菌种子播种后，分生孢子萌发产生菌丝或种子出苗后，土壤中菌丝侵入幼苗，在幼苗中菌丝不断生长，产生分生孢子盘，分生孢子盘能突破寄主表皮，其盘上分生孢子借风、雨在田间反复循环侵染。发病适温为20～25℃，阴雨多湿、连作条件下容易发病。

防治方法：播前土地深翻，精细整地并选用无病种子，以减少初侵染源；与禾本科或茄科作物实行年度轮作，减少病菌在土壤中的积累；合理施肥，氮、磷、钾比例适中，并搭配适当微量元素肥，提高植株抗病能力。播种前进行种子的药剂处理，处理方法见第四章。发病初用75%百菌清、80%炭疽福美可湿性粉剂800倍液、40%福星（氟硅唑）3000倍液、10%世高（恶醚唑）水分散颗粒剂2000倍液、30%特富灵（氟菌唑）可湿粉1000倍液喷雾。

2.红花枯萎病

症状：主要危害根和茎基部，初期须根变褐腐烂，逐渐扩展至侧根、主根、茎基变黑腐烂，叶片枯黄，植株萎蔫，倒伏而死。潮湿时，病株茎基部会生粉红色霉状物（病菌分生孢子梗及分生孢子）。解剖病茎可见维管束变成褐色。

病原：病害由半知菌类，丛梗孢目，镰孢霉属，

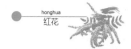

尖镰孢霉，红花尖镰孢（*Fusarium oxysporum* Schlechtft. sp.）真菌引起。

病害循环：病菌以分生孢子和菌丝在土壤、病残组织及种子上越冬，成为次年初侵染来源；分生孢子借雨露传播，重复侵染；病种子通过调运可远距离传播。地势低凹，排水不良土壤易发病。

防治方法：农业措施及种子处理参照红花炭疽病的防治方法或病害初期用40%福星（氟硅唑）3000倍液、70%甲基托布津可湿性粉剂500倍液、50%扑海英1000倍液、75%百菌清800倍液拔浇或灌根中心病株并及时拔出病株集中烧毁。

3. 红花腐霉根腐病

症状：主要危害幼苗茎基部，初期茎上产生水渍状病斑，后病斑处组织腐烂并缢缩，幼苗猝倒死亡。

病原：病害由卵菌类，霜霉目，腐霉属（*Pythium* spp.）真菌引起。

病害循环：病菌以菌丝和卵孢子在土壤表层越冬，成为第二年发病的初侵染来源。次年条件适宜时，菌丝或卵孢萌发产生孢子囊，以孢子囊中游动孢子或孢子囊直接长出芽管侵入寄主。田间病株产生的孢子囊或游动孢子借流水、灌溉水和农事耕作传播蔓延，进行反复侵染。多雨、土壤湿度大时，有利病菌繁殖、传播和侵染。

防治方法：农业措施及种子处理参照红花炭疽病的

方法。发病初用70%代森锰锌、20%灭克可湿性粉剂500倍液或69%安克锰锌、58%甲霜灵锰锌、72%克露可湿性粉剂800倍液拔浇或灌根中心病株并及时拔出病株集中烧毁。

4. 红花锈病

症状：主要危害叶片，发病初期在叶背散生黄绿色小斑点，为病菌夏孢子堆，以后叶上正面、背面均有锈色病斑，病部表皮破裂后露出锈色夏孢子，植株后期在夏孢子堆附近形成黑色冬孢子堆。严重时，锈斑布满全叶，叶片枯死。

病原：病害由担子菌类，锈菌目，柄锈菌属（*Puccinia* Pers.）的真菌引起。

病害循环：病菌以冬孢子在土壤、病残体或种子上越夏，播种后冬孢子萌发产生担孢子侵染幼苗，以后形成锈孢子器，锈孢子随风侵染田间其他红花植株，形成夏孢子堆，散出大量夏孢子进行反复侵染，红花整个生长期均可受害。高温、高湿为发病主要条件。

防治方法：农业措施可参照红花炭疽病的防治方法。用种子重量0.1%的10%三唑醇干拌种剂或种子重量0.5%的25%三唑酮、50%多菌灵、70%甲基托布津可湿性粉剂拌种。发病时可用25%三唑酮（粉锈灵）可湿性粉剂、75%百菌清可湿性粉剂、50%多菌灵可湿性粉剂500倍液、40%福星（氟硅唑）4000倍液、10%世高水分散颗粒剂2000倍液喷雾，每周一次，喷2～3次。

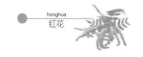

5. 红花白粉病

症状：幼苗、成株期均可受害，危害茎、叶。病斑初期为退绿不规则小斑点，后成点片状白霉，为病菌的菌丝体、分生孢子梗及分生孢子，以后白霉扩展至全叶或叶背。发病严重时，整个植株都被白粉覆盖。后期在白粉上生出黑色小粒状物，为病菌的子囊壳，这时叶片逐渐发黄、脱落，植株枯死。

病原：病害由子囊菌类，白粉菌目，白粉菌属（*Erysiphe* spp.）真菌引起。

病害循环：病菌以子囊壳残存于病殖体或附着在种子上成为次年初侵染源。子囊壳内子囊孢子侵染植株，受害部产生分生孢子，借风雨在田间进行重复侵染。

防治方法：农业措施参照红花炭疽病方法。种子处理及药剂防治参照红花锈病方法。

6. 红花病毒病

症状：叶片呈花叶、扭曲皱缩状，由黄瓜花叶病毒引起，经桃蚜传播，种子不带病毒。

防治方法主要是杀蚜虫。蚜虫以成蚜、若蚜群集于植株嫩梢吸食汁液，造成叶片皱缩，生长不良。防治蚜虫用内吸性杀虫剂40%乐果1500倍液、20%吡虫啉5000倍液喷雾。

7. 红花害虫

潜叶蝇：主要以幼虫潜入叶片，在叶表皮下吃食叶肉，形成弯曲的、大小不等的不规则虫道。由于潜叶蝇有趋橘黄色特性，防治上用带高毒杀虫剂与胶制成的黄板（市场上有卖）诱杀。

地下害虫：有金龟子（土蚕）、蝼蛄、地老虎、金针虫等，其主要在红花出苗时为害，咬断植株或吃光叶片。各地应根据不同害虫种类的生活习性进行趋性诱杀，比如，金龟子有趋黑光性，用黑光灯诱杀；蝼蛄有趋光性、趋粪及对香甜物的喜好性，可用黑光灯、带毒鲜马粪及炒香的麦麸毒饵进行诱杀；地老虎喜好酸甜味并有趋黑光性，用黑光灯、性诱剂、糖醋酒液毒饵诱杀成虫，用于毒饵药剂有80%敌百虫可溶性粉剂、50%辛硫磷乳油。田中每亩可用3%辛硫磷颗粒剂10kg混细土撒施于红花植株旁。

图5-2

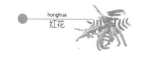

第六章 采收及初加工

一、采收期

云南栽培的红花 2～5月份开花， 3~4月为盛花期，即可采收；北方 8 月份开花，9月份进入盛花期后。按花朵开放程度分批采摘，时间以早晨带露水时采集花瓣，此时植株上的刚毛不易扎手。

二、初加工

收花：头状花序开放3～4天后，花冠基部呈红色，花序呈橘红色时于早上露水干后采摘，这时开放的花朵已完成传粉受精，可以采摘。采花时向上提拉花冠，不要侧向提拉，以免花头撕裂，影响种子产量。花收后于通风处摊薄阴干，不能在强光下日晒，以保证干花质量。干燥花丝具特异香气，味微苦，质量以花长、色橘红和柔软者为佳。

收籽：采花后2～3周，植物下部叶片干枯凋落，其他叶片变干成褐色，苞片变黄，大部分果球发硬，用手挤压果球可能溢出籽粒饱满的种子，且种壳变硬时即可

收种，收后摊晒脱粒，精选入库。

三、质量规格

红花以花长而扁宽，色深红火鲜红，黄色雄蕊外露少，质柔软，气香者为佳。过去红花规格主要有怀红花、川红花籍进口石生花。云红花、杜红花产量相对稍少。此外，还有山东、陕西等地所产的称"杂路红花"或草红花，其数量很少。进口石生花的性状为花较短，暗棕黄色，类似烟丝样，质硬易碎，握之刺手，历来认为质量差的一种。50年代浙江省曾将杜红花分为甲乙丙丁4个等级，主要按头水、二水、三水花的花长短、色泽、质地来分，而《七十六种药材商品规格标准》将红花分为一二两个等级，标准是：

一等：管状花皱缩弯曲，成团或散在。表面深红，鲜红色，微带黄色。质柔软，有香气，味微苦。无枝叶、霉蛀。

二等：表面浅红、暗红或淡黄色。质稍软，余同一等。

在云南产区，因地理条件及气候因素的影响，云南产区的红花开花提前于新疆产区半年，云南产区在二月份就陆续上市，而新疆产区于每年七月间上市。因此，云南得天独厚的生态环境因素和气候条件，云南红花的种植产区历史，种植技术、质量等级，尤其是多方研究认定的独特品质特性：色多为金黄、红黄色，油足色泽润，药用上经多年实践质量挥发油有效成分较佳等品质效应，使云南红花品种的有效成分浸出物及含量（羟基红花色素A，山奈素）较其他产地红花的品质有明显优势。同时，云南红花农残低，其吸收度等符合《中国药典》2010版一部要求，其水溶性黄酮甙类的含量也高于其他品种。此外其重金属、有害元素、有机氯农药残留量均明显低于国家药材（食品）进出口系统行业标准。

四、包装、运输与贮藏

1. 包 装

通常用细麻袋或布袋包装。在盛红花的布袋中视数量多少放入木炭包或小石灰包，以利保持干燥，起防潮作用。只有搞好防潮才能保持红花颜色鲜艳。

2. 运 输

运输工具必须清洁、干燥、无异味、无污染、通气性好，运输过程中应防雨、防潮、防污染，禁止与可能污染其品质的货物混装运输。

3. 贮 藏

贮藏置阴凉、干燥处，防潮，防蛀。传统贮藏法：将净红花用纸分包（每包500~1000g），贮于石灰箱内，以保持红花的色泽。如发现红花受潮、生虫，可以用火烘，但切忌用硫黄熏，也不得用烈日晒，否则红花易褪色。红花贮藏的安全水分为10%~13%，在相对湿度75%以下贮藏时不至发霉，红花的含水量如超过20%，

10天后即可发霉，故入库前对红花应进行水分检查十分必要。干花及种子应贮藏于干燥通风处，以防止霉烂变色，影响质量。

图6-1

第七章 应用价值

一、药用价值

红花为常用中药材品种之一,历版《中国药典》有收载。其辛、温,归心、肝经,具有活血通经,散瘀止痛功效。用于经闭、痛经、恶露不行、症瘕痞块、跌扑损伤、疮疡肿痛,是传统的活血化瘀中药,应用范围非常广泛。现代医学表明有很好的药理作用和临床疗效。入药花瓣含红花黄色素(CarthaminA、CarthaminB)、红色素(Carthamin)、红花甙(carthamin)、新红花甙(neocarthamin)、红花醌甙(carthamone)、血小板凝集抑制物质腺嘌呤核甙(adenosine)、红花多糖、棕榈酸、肉桂酸、月桂酸、山奈酚、槲皮素等,具活血通经、散瘀止痛、抑制血小板凝集等功效,主治经闭、痛经、恶露不行、症瘕痞块、跌打损伤、疮疡肿痛、冠心病、急性缺铁性脑病、血栓闭塞性的脑病和脉管炎等。红花籽含油率24% ~ 45%,亚油酸(是人体必需的、自身又不能合成的、必须从食物中摄取的脂肪酸)含量70% ~ 86%,并富含维生素A、维生素E(146mg/100ml)、类胡萝卜素和多种人体所需微量元素，榨油可直接食用或加工制造奶油、起酥油、色拉油等各种食用油及食品添加剂，对人体心血管系统具有较好的保健作用，能降低血脂及血清胆固醇、软化和扩张血管，稳定血压，促进微循环，恢复神经功能，可预防或减少心血管病的发病率，对高血压、高血脂、心绞痛、冠心病、动脉粥样硬化有明显疗效；对脂肪肝、肝硬化、肝功能障碍有辅助疗效。红花除了作为中药材被广泛使用外，还用于正红花油、红花注射液、红花口服液、注射用羟基红花黄色素A冻干粉末、红花黄色素胶囊、红花总黄酮胶囊等中成药的生产。其中正红花油用于救急止痛、消炎止血；红花注射液、红花口服液用于冠心病、脉管炎等；红花黄色素胶囊用于冠心病、心绞痛等；注射用羟基红花黄色素A冻干粉末和红花总黄酮胶囊用于脑中风等疾病的治疗。

二、经济价值

红花在我国已有两千多年的栽培历史，全身都是宝，而且用途相当广泛，医药、食品、化妆品、工业、农业、畜牧业等领域均有其应用价值，具有较高的经济价值。根据走访调查，在大理巍山、弥渡、怒江、保山等地花色多为黄色。每年的产量将近400吨左右，在丽江永胜地区集中种植区域片角、涛源、期纳以及江边地区为主，集中种植区，种植品种是以新品种红色花为主，2008~2012年间受干旱天气因素影响，种子干死一部分，

影响全年的产量,全年的产量300吨左右。年云南地区的产量700吨,以每公斤85元,红花市场经济价值达6000万元,经济效益十分显著。可见红花不仅产品附加值高,而且种植效益佳,适宜规模化生产及产业化开发,是当前农业产业结构调整和农民增收的好门路。

三、其他用途

随着对红花的药理研究和应用的深入,红花药用保健产品和美容产品开发研究也日益受到重视,红花酒、红花茶、红花奶、红花乳液等保健产品已开发并已上市,红花作为一种中药,常配伍其他药物治疗气血不足所致的面斑、脱发等症。也开发出红花化瘀祛斑胶囊、珍珠红花美容液、红花阿胶口服液等系列美容产品。红花中的红花黄色素和红花红色素广泛用于真丝织物的染色。目前有资料显示红花籽榨油后的去壳饼粕蛋白质含量较高,可替代其他蛋白质饲料饲喂家禽。

参考文献

1 杨建国.云南作物种质资源油料篇——云南红花种质资源[M].昆明：云南科技出版社，2008，2：353-371.

2 魏景超.真菌鉴定手册[M].上海：上海科学技术出版社，1979，9.

3 张文超，段小娟.发展红花生产大有可为[J].农业科技与信息，2004，7：46.